Antje Sigrid Kropf

Eisen- und Stahlregion Österreichische Alpen

GRIN Verlag

Bibliografische Information der Deutschen Nationalbibliothek:

Die Deutsche Bibliothek verzeichnet diese Publikation in der Deutschen National-
bibliografie; detaillierte bibliografische Daten sind im Internet über http://dnb.d-
nb.de/ abrufbar.

Impressum:

Copyright © 2008 GRIN Verlag GmbH
Druck und Bindung: Books on Demand GmbH, Norderstedt Germany
ISBN: 978-3-656-53556-0

Dieses Buch bei GRIN:

http://www.grin.com/de/e-book/264073/eisen-und-stahlregion-oesterreichische-
alpen

GRIN - Your knowledge has value

Der GRIN Verlag publiziert seit 1998 wissenschaftliche Arbeiten von Studenten, Hochschullehrern und anderen Akademikern als eBook und gedrucktes Buch. Die Verlagswebsite www.grin.com ist die ideale Plattform zur Veröffentlichung von Hausarbeiten, Abschlussarbeiten, wissenschaftlichen Aufsätzen, Dissertationen und Fachbüchern.

Besuchen Sie uns im Internet:

http://www.grin.com/

http://www.facebook.com/grincom

http://www.twitter.com/grin_com

Eisen- und Stahlregion Österreichische Alpen

Inhalt

1.   Land der Hämmer, zukunftsreich? 3

2.   Lokalisation 4

3.   Die Wurzeln der Eisen- und Stahlproduktion 5

    3.1   Vorchristliche und römische Eisennutzung 5

    3.2   Blütezeit im Mittelalter 5

    3.3   Die verspätete Industrialisierung 6

    3.4   Kriegswirtschaft und Verstaatlichung der Industrie 7

4.   voestalpine AG-Paradigma für die Situation der Eisen- und Stahlproduktion 8

5.   Probleme und Chancen der Eisen- und Stahlregion 9

    5.1   Entwicklungshindernis Peripherie 9

    5.2   Auswirkungen des Strukturwandels in der Wirtschaft 10

    5.3   Kulturtourismus als Chance 11

    5.4   Wirtschaftsförderung 12

6.   Ausblick 14

Literaturverzeichnis 15

Anhang 16

1. Land der Hämmer, zukunftsreich?[1]

Die österreichische Eisen- und Stahlerzeugung kann auf eine lange, traditionsreiche Geschichte zurückblicken. Auch wenn die Alpen als „reich an armen Lagerstätten"[2] gelten, für Österreich war die Verarbeitung der Eisenerze zu Eisen und die darauffolgende Produktion von Stahl ein wichtiger Grundpfeiler der wirtschaftlichen und regionalen Entwicklung über Jahrhunderte hinweg, wobei natürlich nicht jede Epoche von wirtschaftlichem Erfolg geprägt war.

Betrachtet man die Industriestandorte der Eisen- und Stahlproduktion, so wird klar erkennbar, dass sie sich auf ein konkretes Gebiet innerhalb des Landes konzentrieren. Rund um den Erzberg in der Steiermark und in Teilen Ober- und Niederösterreichs breitet sich eine regelrechte Eisen- und Stahlindustrieregion aus. Sie erstreckt sich entlang der Mur-Mürz-Furche und wuchs im Laufe der Jahre sogar bis in den nördlichen Alpenrand und in das nordöstlich liegende Wiener Becken hinein.

Über 16.000 Arbeiter waren noch 2003[3] allein in der Eisen erzeugenden Industrie und in Bergwerken beschäftigt. Die eisenerzeugenden Unternehmen und ihre Folgeproduktion stellen somit einen seit jeher wichtigen Arbeitgeber in dieser Region dar.

Die heutige Brisanz des Themas ergibt sich aus den Folgen der räumlichen Lage der Produktion und ihrer zentralen Rolle in der österreichischen Wirtschaft. Heute versucht die einst strukturstarke Region zahlreiche, standortbedingte Produktionsnachteile zu überwinden. Ob jener Wirtschaftszweig tatsächlich noch so zukunftsträchtig ist, wie die österreichische Bundeshymne im Jahre 1945 verlauten ließ, wird sich im Laufe dieser Arbeit herausstellen.

---

[1] (von Peradovic, 1945)
[2] (Bätzing, 2003, S. 72)
[3] (http://www.fafo.at/download/Studien/IWI-Studie0306.pdf)

2. Lokalisation

Das Gebiet der Eisen- und Stahlerzeugung verläuft beinahe Deckungsgleich mit der gen Osten sich erstreckenden Grauwackenzone, in der der Großteil der österreichischen Rohstoffe unter anderem auch größere Eisenerz- und Sideritvorkommen liegen. Sie umfasst die Eisenerzer Alpen, führt am Mürztal entlang und zieht sich nach Nordosten bis ins Wiener Becken. Die Entstehung der Eisenhütten und Stahlwerke war in erster Linie an das nötige Rohstoffvorkommen gebunden. Nur wo auch abbauwürdige Erzvorkommen vorhanden waren, entwickelte sich die Industrie. Früher wurden Eisen- und Stahlwerke vorzugsweise in den Längstälern der Alpen gegründet, denn die Weiterverarbeitung des Eisens benötigte als Grundlage wald- und wasserreiche Gebiete, die sich überwiegend in den Tallagen befanden. Daher finden sich die Produktionsstandorte überwiegend in den Tallagen. Politisch betrachtet fällt das Produktionsgebiet in drei Bundesländer (Abb.1 siehe Anhang). Ihren Ausgang nahm die Eisen- und Stahlherstellung am steirischen Erzberg, der noch heute als der größte mitteleuropäische Erztagebau und die größte Sideritlagerstätte weltweit gilt. In der Steiermark befindet sich entlang der Mur-Mürz-Furche außerdem das Hauptrevier der Eisen- und Stahlherstellung und bis in den Süden des steirischen Alpenraumes siedelten sich noch große Eisen- und Metallindustriebetriebe an. Schließlich erschlossen sich die Großunternehmen den nördlichen Alpenrand (zum Beispiel in Waidhofen in Niederösterreich und Steyr in Oberösterreich). In Niederösterreich näherten sich die Standorte der Produktion an Wien an (zum Beispiel Berndorf).[4]

---

[4] (Lichtenberger, 1997, S. 22)

3. Die Wurzeln der Eisen- und Stahlproduktion

3.1 Vorchristliche und römische Eisennutzung

Funde aus der Eisenzeit belegen, dass Eisenerz bereits im siebenten Jahrhundert v.Chr. im österreichischen Raum abgebaut und zu Eisen weiterverarbeitet wurde. Von den nach Österreich eingewanderten Kelten wurde es zur Waffenherstellung und Werkzeugfertigung genutzt. Man vermutet, dass die Noriker ihr Eisen sogar direkt am Hüttenberger Erzberg in Kärnten gewannen.[5] Selbst die Römer, die das „Norische Eisen" wegen seiner Qualität schätzten, bezogen die norischen Erzvorkommen in ihr weitläufiges Straßennetz mit ein.[6]

3.2 Blütezeit im Mittelalter

Im Hohen Mittelalter errichtete man neue Öfen in den Alpentälern. Die Fließgewässer der Tallagen trieben über Wasserräder die großen Blasebälge und die wassergetriebenen Hammerwerke an, die die Bearbeitung des Eisens und Stahls erleichterten. Die dichten Wälder lieferten die Grundlage für die Holzkohleherstellung in den Köhlereien, die wiederrum für den Betrieb in den Hüttenwerken benötigt wurde. Der Erzberg der Eisenerzer Alpen kristallisierte sich als Bergbauzentrum (erste Zeugnisse 1171) aufgrund der üppigen Erzvorkommen langsam heraus.[7] Ihm nördlich vorgelagert wuchs eine völlig von der Stahl- und Eisenverarbeitung und dem Handel von Eisenwaren geprägte Region, die Eisenwurzen. Noch heute zeugen alte Sensen- und Hammerwerke, Eisenmagazine und Hammerherrenhäuser von der vor allem im Spätmittelalter prosperierenden Kleineisenindustrie, die im fünfzehnten Jahrhundert hier ihren Höhepunkt erlebte.[8] Sie gelangte an die Spitze der europäischen Eisen- und Stahlherstellung und genoss eine Zeit lang den Ruf als weltgrößter Eisenproduzent (10-12.000 Tonnen pro Jahr), denn immerhin handelte es sich beim Erzberg um die weltgrößte Sideritlagerstätte und die größte mitteleuropäische Lagerstätte für Eisenerz[9], welches einen Erzgehalt von 30-35% aufwies.[10] Organisiert war der Erzabbau in „Genossenschaften persönlich freier Bergleute"[11]. Zu ihnen gesellten sich später die mit „landesherrschaftlichen Eisenhandelsprivilegien[12]" ausgestatteten Eisengroßhändler aus Steyr und Leoben hinzu.

---

[5] (Lichtenberger, 1997, S. 131)
[6] (Jülg, 2001, S. 188)
[7] (Bender & Pindur, 2004, S. 16)
[8] (Lichtenberger, 1997, S. 22)
[9] (Seroka, 2007)
[10] (Bender & Pindur, 2004, S. 16)
[11] (Bender & Pindur, 2004, S. 17)
[12] (Bender & Pindur, 2004, S. 17)

3.3 Die verspätete Industrialisierung

Die florierende Kleineisenindustrie fand im 17. Jahrhundert ein jähes Ende. Der eng mit der Eisen- und Stahlindustrie verknüpfte Erzbergbau litt unter der Entdeckung reichhaltigerer Erze in Übersee. Der Ausbruch des Dreißigjährigen Krieges und die Verlegung der bedeutenden Handelsrouten hemmten den wirtschaftlichen Erfolg ebenso. Die „Innerberger Hauptgesellschaft" wurde unter staatlichem Zutun 1625 gegründet, um diesen negativen Erscheinungen entgegenzuwirken, indem sie Radmeister, Großhändler und Hammerherren vereinte. Auch der Erzherzog Johann von Österreich unternahm Versuche die schwächelnde Eisen- und Stahlindustrie durch den Kauf des Radwerkes II, die Gründung der Montanuniversität Leoben 1849 und der Vordernberger Radmeister-Communität zur Revolutionierung des Erzabbaus und –förderung am steirischen Erzberg zu fördern. Trotz all jener Maßnahmen gelang es den Betrieben der Eisenwurzen erst im späten 18. Jahrhundert langsam wieder Anschluss an den weltweiten Entwicklungsstand zu finden und wirtschaftliche Bedeutsamkeit zu erlangen.[13] Mit dem Einsatz der ersten Eisenschienenbahn auf dem europäischen Kontinent 1835 überwand man in Österreich die Isolation des Wirtschaftsraumes Alpen. Bis dahin war der Transport von Waren und Rohstoffen zu teuer gewesen, um wirtschaftlich konkurrenzfähig zu sein und intensivere Handelsbeziehungen aufbauen zu können. Jene neue, kostengünstige Verkehrserschließung verlagerte sich allerdings vom damaligen Produktionszentrum, dem Erzberg und seinem nördlich vorgelagerten Gebiet, in die Mur-Mürz-Furche. Die vorhandene Kleineisenindustrie lieferte zwar die Grundlage für das Aufkommen der Schwerindustrie, doch damit läutete sie gleichzeitig ihren eigenen Untergang ein. Die kleinen, weit verstreuten, gewerblichen Betriebe wurden mit der Koksverhüttung und dem neuen Eisenbahnnetz unrentabel. An ihre Stelle traten schwerindustrielle Großbetriebe, die sich in der Nähe mittelalterlicher Eisenhämmer gründeten.[14]

Die rasante Entwicklung und Nutzung produktiverer Herstellungsmethoden ließ die österreichische Stahl- und Eisenindustrie im internationalen Vergleich wieder aufholen. So wurde der Floßofen durch den effektiveren Hochofen ersetzt, an Stelle von Hammerwerken kamen nun Walzwerke zum Einsatz. Allgemein vermochten es technische Neuerungen den wirtschaftlichen Erfolg der Eisen- und Stahlherstellung grundlegend zu beeinflussen. Vor allen Dingen das Bessemer Verfahren begünstigte die Etablierung der Großbetriebe, denn es machte mit der Flussstahlerzeugung die massenhafte Stahlerzeugung möglich. Die neugegründeten Großunternehmen breiteten sich bis an den Nordrand der Alpen aus. Sie produzierten neben Roheisen und- stahl auch Edelstähle und unterschiedliche Halbfertigwaren.[15]

Im Jahr 1881 schlossen sich die steirischen und Kärntner Hüttenbetriebe zur „Österreichischen Alpine Montangesellschaft" zusammen und verlegten ihr Hauptwerk nach Donawitz. Dieses Werk entwickelte sich bis 1907 zur größten Stahlwerksanlage Europas. In den Werken Kapfenberg,

---

[13] (Bender & Pindur, 2004, S. 17)
[14] (Bender & Pindur, 2004, S. 17)
[15] (Gebhardt, 1990, S. 54)

Mürzzuschlag und Judenberg spezialisierte man sich währenddessen auf die Herstellung von Sonderstählen.[16]

3.4 Kriegswirtschaft und Verstaatlichung der Industrie

Nachdem Österreich an das „Deutsche Reich" angeschlossen worden war, wurden die bedeutendsten eisen- und stahlproduzierenden Betriebe mit dem in Linz neugegründeten Stahlwerk zur „Reichswerke AG für Erzbergbau und Eisenhütten ,Hermann Göring' Linz" 1938 zusammengelegt. Kurzzeitig erlebte die Schwerindustrie und als deren Bestandteil die Eisen- und Stahlerzeugung dank des vergrößerten Absatzmarktes und der Kriegsvorbereitung einen Aufschwung. Linz wurde aufgrund der Nähe zur Donau und des hohen Arbeitskräftepotentials zum neuen Produktionszentrum bestimmt.[17] Mit dem Ende des Krieges brach über die österreichische Eisen- und Stahlindustrie eine erneute Kriese herein. Die Betriebe, die nicht zerstört worden waren, erklärte die amerikanische Besatzungsmacht zum „Deutschen Eigentum". Der Schaden für die Wirtschaft Österreichs war immens. Die geplante Demontage der meisten Betriebe verhinderte die österreichische Regierung, indem sie sie am 26. Juli 1946 per Gesetz verstaatlichte. Gleichzeitig sicherte sie damit die Rohstoffversorgung für den Wiederaufbau, denn neben den drei größten Banken Österreichs und der Hüttenindustrie ging unter anderem der gesamte Eisenerz- und Kohlebergbau in den Besitz des Staates über. Die sowjetische Besatzungszone blieb in ihrer Entwicklung zurück, bis 1955 die Besatzung endgültig aufgehoben wurde. Die partiell verstaatlichte Industrie hat Österreich lange Zeit eine Sonderrolle in Europa beschert.[18] Mit Preisen, die das Weltmarktniveau unterschritten, subventionierte sie die Folgeindustrien und produzierte große Teile der Rohmaterialien und der Halbfertigprodukte selbst.[19] Ab 1993 wurde die Privatisierung der verstaatlichten Industrie eingeleitet, da dieses Wirtschaftssystem sich nicht bewährt hatte: Der Beschäftigungsstand konnte zuvor nur noch durch den finanziellen Verlustausgleich des Staates auf gleichbleibenden Niveau gehalten werden.[20]

---

[16] (Österreich Lexikon)
[17] (Gebhardt, 1990, S. 54)
[18] (Jülg, 2001, S. 211-212)
[19] (Lichtenberger, 1997, S. 274)
[20] (Bender & Pindur, 2004, S. 18)

4. voestalpine AG-Paradigma für die Situation der Eisen- und Stahlproduktion

Wie kein anderes Unternehmen spiegeln die Vereinigten Österreichischen Eisen- und Stahlwerke AG den Werdegang der gesamten Österreichischen Eisen- und Stahlproduktion des 20. Jahrhunderts wieder.

Im Jahre 1938 als Tochtergesellschaft der „Reichswerke AG für Erzbergbau und Eisenhütten ‚Hermann Göring' " gegründet und vorübergehend mit der „Alpine Montan AG" zusammengeschlossen, ging der Betrieb 1945 in staatlichen Besitz über. Als solcher wurde er zum Vorzeigebetrieb der kompletten verstaatlichten Wirtschaft, denn der Handel mit den produzierten Blechen boomte. Mit der Entwicklung des LD-Verfahrens (eigentlich „Linzer-Düsenstahl-" später „Linz-Donawitz-"Verfahren) und der Inbetriebnahme des ersten LD-Werkes 1953 revolutionierte die „VOEST AG" die Stahlherstellung. Bis heute werden weltweit über 60% des Stahls mit diesem Verfahren hergestellt.

Der in Linz ansässige Betrieb fusionierte 1973 mit der „Alpine Montangesellschaft" aus Donawitz zur „VOEST-Alpine AG" und musste mit dem Einsetzen der Stahlkrise seinen Personalbestand reduzieren. Um die Krise abzuwenden, brachte man neue Produkte auf den Markt, investierte im Ausland und beteiligte sich an zahlreichen Firmen. Alle Auffangmaßnahmen scheiterten jedoch kläglich. Die sich auf 11,1 Milliarden Schilling belaufenden Verluste, die der Staat ausglich, ließen 1988 die Umstrukturierung des Betriebes zur „VOEST-ALPINE STAHL AG" folgen.

Der Betrieb konzentriert sich seit 1993 auf drei Teilbereiche: Flach- und Langprodukte und den Handel. Die etappenweise Privatisierung und die neue Ausrichtung der Produktion weg von der bloßen, massenhaften Stahlerzeugung hin zur Verarbeitung des selbst produzierten Stahls bereitete den Weg zum anschließenden Erfolg. Die aufgrund veränderter Organisationsstrukturen umbenannte „voestalpine AG" vollzog bis 2003 ihre Vollprivatisierung. In den Unternehmensdivisionen Stahl, Bahnsysteme, Profilform und Automotive sind gegenwärtig 41.018 Mitarbeiter beschäftigt. Der Umsatz des Konzerns betrug im Geschäftsjahr 2006/2007 7.049,80 Millionen Euro und steigerte sich im Laufe der Jahre konstant, wobei die Division Stahl noch immer den umsatz- und beschäftigungsstärksten Zweig ausmacht.[21]

Das börsendotierte Unternehmen wusste 2001 immerhin vier seiner Tochterunternehmen unter den umsatzstärksten Unternehmen im Ziel 2-Gebiet der Steiermark. Diese Position spiegelt die gehobene wirtschaftliche Bedeutung des Konzerns für die Region wieder.

---

[21] (http://www.voestalpine.com)

5. Probleme und Chancen der Eisen- und Stahlregion

5.1 Entwicklungshindernis Peripherie

Wie in Kapitel 2 bereits erwähnt, erstreckt sich das Gebiet der Eisen- und Stahlerzeugung Österreichs über eine sehr große Fläche. Ursache für die weite Zerstreuung der Produktionsstandorte ist das geschichtliche Wachstum der Region mit der ständigen Verlagerung des Produktionszentrums. Die fehlende Konzentration auf ein Zentrum erfordert heute deshalb einen erheblichen Mehraufwand beim Transport der produzierten Güter und setzt eine sehr gute Verkehrsanbindung der einzelnen Produktionsstandorte voraus. Viele Unternehmen müssen wegen ihrer peripheren Lage um ihre Existenz bangen[22].

Die Mur-Mürz-Furche blieb als bedeutendster Industrieraum erhalten. Doch selbst hier teilt sich die Produktion auf zwei Kerne auf: Leoben/Bruck und Judenburg/Knittelfeld. Auch Eisenerz mit dem Erzberg als Bergbaustandort zählt dazu. Das große Stahlwerk in Donawitz, einem Stadtteil von Leoben, hat heute jedoch mit schweren Standortnachteilen zu kämpfen. In der Vergangenheit profitierte es von den nahegelegenen Erzvorkommen am steirischen Erzberg und dem damit verbundenen verkürzten Transportweg. Der Niedergang des Erzbergbaus führte für das Werk Donawitz zur Entwertung des Standortfaktors Transportkosten und zu beträchtlichen Einbußen . Der Antransport von Eisen aus Übersee wird durch die Lage innerhalb der Alpen aufwändig und damit teuer, doch trotzdem ist diese Variante billiger als die Verarbeitung steirischer Erze, deren Abbau im mittlerweile 25 stöckigen Taggebau verhältnismäßig noch teurer ist.

Im Süden schließt sich das Köflach-Voitsberger Becken an, welches beispielhaft für die Schwierigkeiten mit der Verkehrsanbindung steht. Es orientiert sich vom Verkehrsnetz her nach Graz, obwohl der Ausbau in Richtung Mur-Mürz-Furche für die Eisen- und Stahlindustrie günstiger wäre.

Der letzte steirische Knotenpunkt, das Liezen-Rottenmann-Trieben- Industriegebiet, ist wiederum verkehrstechnisch sehr gut angebunden und weist eine „relativ günstige Branchenstruktur"[23]auf.

Zusätzlich finden sich noch Konzentrationsgebiete der Eisen- und Stahlherstellung in Nieder- und Oberösterreich. Während sich in der oberösterreichische Stadt Steyr der Eisenhandel, Metallwarenerzeugung und anschließend die Waffen- und Fahrzeugindustrie in Großbetrieben etablierte, finden sich in Niederösterreich bis Wiener Neustadt kleinere Produktionsstandorte.

Außerdem ist die Verteilung der Industriebetriebe auf gesamt Österreich gesehen ziemlich unterschiedlich gewichtet. Die vier Bundesländer Wien, Oberösterreich, Niederösterreich und die Steiermark (also immerhin drei Gebiete, in denen Eisen und Stahl produziert wird) konzentrieren zwei Drittel aller Unternehmen auf ihr Territorium. Natürlich werden sich Veränderungen in der Wirtschaftsstruktur dort besonders stark auswirken.

---

[22] (Bätzing, 2003, S. 136)
[23] (Bender & Pindur, 2004, S. 18)

5.2 Auswirkungen des Strukturwandels in der Wirtschaft

Der Erzbergbau und die Eisen- und Stahlherstellung begründeten einst den wirtschaftlichen Erfolg der Region besonders um den Erzberg. Es verwundert daher nicht, dass die Betriebe dieser rohstoffständigen Branche lange den Hauptarbeitgeber in der Region stellten. Die Gemeinden stützten ihre gesamte wirtschaftliche Entwicklung hauptsächlich auf die Erzeugung von Eisen und Stahl. Dadurch entstanden regelrechte Industriegemeinden, deren Bevölkerung sich mit dem Einsetzen der Deindustrialisierung im gesamten Alpenraum mit einer Vielzahl von Problemen konfrontiert sah. Die dominierenden Großbetriebe mussten viele Arbeiter entlassen. Die Arbeitslosigkeit stieg an, denn die wenigen ansässigen Betriebe anderer Wirtschaftszweige waren nicht in der Lage das Überangebot an Arbeitssuchenden aufzunehmen. Die Menschen wanderten in zentrale Gebiete mit vielfältigerer Wirtschaftsstruktur ab, in der Hoffnung dort Arbeit zu finden. Bei der VA Erzberg GmbH waren im Jahr 2004 gerade einmal 157 Arbeitnehmer beschäftigt, deren Zahl laut Bundesministerium für Wirtschaft und Arbeit „weiterhin abgesenkt [wurde]". Jener Trend lässt sich ebenso für die Beschäftigten der Eisen erzeugenden Industrie nachvollziehen. Waren 1965 44.355 Arbeitnehmer hier tätig, verringerte sich der Beschäftigtenstand auf 14.896 im Jahr 1995. [24]

Es handelt sich allerdings nicht nur um ein branchenspezifisches Problem. Die Anzahl der Industriebeschäftigten in Österreich verringerte sich allgemein seit 1980 um ein Viertel (Stand 2000) einerseits durch die Veränderung der Produktionsstrukturen andererseits durch die Veränderung der Besitzverhältnisse, denn die einsetzende Privatisierung offenbarte wie wenig innovativ die meisten Unternehmen waren [25] und machten Rationalisierungsmaßnahmen dringend erforderlich, da „das von staatlicher Seite getragene Defizit inzwischen fast eine Größenordnung erreicht hat[te], die es erlauben würde die Produktion einzustellen und dennoch die Beschäftigten weiterzubezahlen".[26] Des Weiteren mangelte es an wirtschaftsnahen Dienstleistungen.

Trotz der negativen Tendenzen stand der Maschinen- und Stahlbau bei den Beschäftigtenzahlen (71.355 Arbeiter) und dem Produktionswert (106.228 Millionen ÖS) an der Spitze aller Industriezweige, obgleich der Produktionswert je Beschäftigten in 1000 ÖS mit 758 den niedrigsten Branchenwert verzeichnete. Das zeugt von der geringen Effektivität der Produktion in dieser Branche, denn in anderen Industriezweigen erzielten wesentlich weniger Mitarbeiter einen deutlich höheren Produktionswert pro Beschäftigten.[27]

Eine Chance für den wirtschaftlichen Aufschwung der Branche böte die Bildung von Clusterstrukturen. Im Bereich der Stahlproduktion existierte eine solche Struktur bereits, die allerdings dazu führte, dass mit dem Einsetzen der Krise in der Stahlproduktion die Betriebe der Folgeproduktion ebenfalls in Existenznot gerieten. Als Erfolgsmodell lässt sich dafür jedoch die Erzeugung von Eisenbahnschienen und Spezialfahrzeugen für den Schienenverkehr hervorheben. Hier ist es der „VA

---

[24] (Jülg, 2001, S. 214)
[25] (Jülg, 2001, S. 216)
[26] (Gebhardt, 1990, S. 55)
[27] (Jülg, 2001, S. 215)

Stahl" gelungen die marktführende Position in der Herstellung von 120-m-Schienen zu erlangen. Die Konzernstruktur begründete diese produktive Zusammenarbeit, denn aus der „VOEST-Alpine AG" ging der Flach- und Langprodukte erzeugende Konzern „VA Stahl AG" und die auf Anlagenbau ausgerichtete „VA Tech AG hervor".[28]

5.3 Kulturtourismus als Chance

Die weitzurückreichende Geschichte der Eisen- und Stahlindustrie prägt das Erscheinungsbild der Region bis heute. Die alten Bauten blieben lange Zeit unbeachtet, sodass ihr touristisches Potential weitestgehend ungenutzt blieb. Erst mit der „Bewegung zur Erhaltung historischer europäischer Kulturlandschaften" und der Unterstützung durch wenige Vereine in den Ländern setzte die Renovierung der Bauwerke ein.[29]

Das speziell angefertigte Konzept „Eisenstraße" für die Eisenwurzen sah eine interregionale Zusammenarbeit der drei Länder Steiermark, Ober- und Niederösterreich bei der „Projektplanung, -durchführung und –vermarktung" vor.[30] Von wirtschaftlichem Vorteil für die Region war, dass das Konzept Tourismus und die vorhandene Wirtschaftsstruktur miteinander zu verbinden sucht.

Der gut gefüllte Veranstaltungskalender steigerte die überregionale Popularität der Eisenstraße, sodass der neugegründete „Verein Österreichische Eisenstraße" weitere Punkte (zum Beispiel eine „virtuelle Wissensdatenbank" oder den Vertrieb regionaler Produkte) in sein Konzept mit einbezog. Das Profil der Region muss allerdings noch geschärft und einige Standorte besser in das Programm integriert werden, um sich für die Touristen von anderen Urlaubszielen abzuheben.

Wie die Eisen- und Stahlproduktion profitieren die Eisenstraßenprojekte von einem Förderprogramm der EU. Das LEADER-Programm förderte die Region um die „Niederösterreichische Eisenstraße" und die „Eisenwurzen" in Oberösterreich mit 2,15 Millionen Euro. Der vorgegebene Rahmen für die unterschiedlichen Entwicklungsmaßnahmen dafür war sehr großzügig abgesteckt. Das Nachfolgeprogramm LEADER+ unterstütze bis ins Jahr 2006 außerdem die „steirische Eisenstraße", die „Gesäuse-Eisenwurzen" und das „Mariazellerland-Mürztal"finanziell.

---

[28] (Lichtenberger, 1997, S. 276)
[29] (Lichtenberger, 1997, S. 23)
[30] (Bender & Pindur, 2004, S. 19)

5.4   Wirtschaftsförderung

Spätestens seit den achtziger Jahren des zwanzigsten Jahrhunderts wusste man von der drohenden Fehlentwicklung der Eisen- und Stahlregion. Die Österreichische Raumordnungskonferenz hatte 1981 ein Raumordnungskonzept beschlossen, auf dessen Basis anschließend entwicklungsschwache Wirtschaftsgebiete ausgewiesen wurden. Die finanzielle Förderung des Bundes und der Länder sollte sich nicht mehr wie zuvor auf Einzelfallhilfe beschränken sondern nunmehr auf die Stärkung industrieller Strukturen abzielen. Die Betriebe der Eisen- und Stahlindustrie waren als „regional- und arbeitsmarktpolitisch bedeutsam[er] Sonderfall" davon in hohem Maße betroffen. [31]

Speziell für die östliche Obersteiermark konzipierte eine Studie einen neuen Lösungsansatz. Ernanntes Ziel sollte die „Substanzerhaltung und Einleitung einer endogenen Erneuerung" sein. Die Bewahrung alter Produktionsstrukturen sollte es ermöglichen, den Schwerpunkt bei der Produktentwicklung langfristig auf „forschungs- und facharbeitsintensive[ ] Verfahren" zu verlagern. [32] Die einfach ausgebildeten Arbeiter aus der Produktion wären langsam den Fachkräften in der Forschung gewichen. Ein Einbruch des Arbeitsmarktes wäre dadurch zumindest abgefedert worden. Doch die Bundesregierung und die verstaatlichte Industrie lehnten das Konzept zunächst ab. Bis Fördergelder in einer Höhe von umgerechnet 240 Millionen Euro in die Obersteiermark flossen, kostete die verschwendete Zeit viele Arbeitnehmer ihren Arbeitsplatz.

Immerhin näherte man sich bis Mitte der neunziger Jahre den erklärten Zielen langsam an. Die Senkung der Arbeitskosten und die gleichzeitige Erhöhung der Produktivität verhinderte größere Einbußen bei der Herstellung von Eisen und Stahl. Neben der Spaltung der großen staatlichen Unternehmen sorgte die Privatisierung der nun vereinzelten Unternehmen für zusätzliche Entspannung der angespannten wirtschaftlichen Situation. Die völlige „endogene Erneuerung" blieb dennoch unerreicht. Auch die neu gegründeten Unternehmen benötigten einige Zeit, um innovative Produkte auf den Markt zu bringen. [33] Die Ablösung der Grundstoffproduktion durch die Weiterverarbeitung der Rohmaterialien Eisen und Stahl vollzog sich schleppend. Selbst 1999 erklärte das Österreichische Institut für Wirtschaftsforschung „eine Überspezialisierung auf arbeitsintensive Industriezweige bei gleichzeitiger Unterspezialisierung auf forschungsintensive Industriezweige" zur wesentlichen Strukturschwäche der österreichischen Wirtschaft.

Der EU-Beitritt 1995 erlaubte die Beanspruchung von EU-Fördermitteln für die strukturschwachen Regionen. Die Förderung der Ziel 2 Gebiete, die durch eine überdurchschnittliche hohe Arbeitslosigkeit, einen überdurchschnittlichen hohen Beschäftigungsanteil der Industriebeschäftigten und einen Arbeitsplatzrückgang in der Industrie gekennzeichnet sind, umfasste die Westliche und Östliche Obersteiermark, Voitsberg, Teile des Bezirkes Liezen, einige Gemeinden im südlichen Niederösterreich und Steyr und Umgebung. Ein Großteil der österreichischen Eisen- und Stahlregion fällt somit in förderwürdiges Terrain. Ergänzt wurde diese Förderinitiative von den

---

[31] (Gebhardt, 1990, S. 75)
[32] (Bender & Pindur, 2004, S. 19)
[33] (Bender & Pindur, 2004, S. 20)

Förderprogrammen RESIDER II und RECHAR II, die auf die Begünstigung des Strukturwandels in Regionen mit eisen- und stahlindustrieller Dominanz beziehungsweise Kohlebergbauregionen abzielen (Tab.1 siehe Anhang).[34]

Die finanzielle Hilfe dient in erster Linie der Beseitigung der infrastrukturellen Disparitäten und der Unterstützung kleiner bis mittlerer Unternehmen. Die Steiermark mit ihren zahlreichen Problemgebieten hat deshalb für den Förderzeitraum 1995 bis 1999 vier „Prioritäten" für die Ziel-2-Förderung ausgewiesen. Immerhin leben 70% der Bevölkerung in den Zielgebieten des Förderprogrammes.

So soll etwa das größte Manko, die einseitig ausgeprägte Branchenstruktur, vielfältiger gestaltet werden, indem bestehende Unternehmen modernisiert und neue Betriebe gegründet werden. Die Beeinflussung des Strukturwandels erfolgt die gezielte Investition in die Industrie, das Gewerbe und den Tourismus. Der Ausbau des wachsenden tertiären Sektors wird durch „qualitätssteigernde Maßnahmen im Tourismus" bewirkt.

Einen weiteren Angriffspunkt liefert die unzureichende Technologisierung und der geringfügige Grad der Innovation. Mit der Schaffung von Forschungseinrichtungen und dem intensiven Austausch neu gewonnener Technologiekenntnisse sollen die kleinen und mittleren Unternehmen aus synergetischen Entwicklungen ihren Vorteil ziehen und ihren Platz in der Region behaupten. Mit Hilfe eines grundlegenden Konzeptes für den Tourismus sollen die Teilregionen an Attraktivität gewinnen.

Die Bereitstellung eines gut ausgebauten Infrastrukturnetzes legt die Basis für die zukünftige Ansiedlung neuer Unternehmen, die sich nicht länger mit Standortnachteilen konfrontiert sehen. Die verbesserte infrastrukturelle Situation gestaltet sich für bereits ansässige Unternehmen ebenso positiv, zum Beispiel dank der Liefervernetzung. Außerdem wecken die infrastrukturellen Eingriffe das touristische Interesse.

Im letzten Schritt sieht das Programmplanungsdokument vor, dass Arbeitslosen, Beschäftigten, deren Arbeitsplatz gefährdet ist, und Frauen entsprechende Qualifizierungsmaßnahmen angeboten werden müssen. Dies vereinfachte den Einstieg beziehungsweise Wiedereinstieg ins Arbeitsleben.[35]

---

[34] (Bender & Pindur, 2004, S. 20)
[35] (Bender & Pindur, 2004, S. 20)

6. Ausblick

Der wirtschaftliche Wandel in den Eisen- und Stahlregionen vollzieht sich zunehmend erfolgreich. „Nach dem Bedeutungsverlust der Grundstoffproduktion", einschließlich der Eisen- und Stahlherstellung, scheint der „Umstrukturierungsprozess hin zu einer modernen Industrie"[36] zu gelingen. Trotzdem sind die alten Strukturprobleme der von Eisen- und Stahlindustrie geprägten Regionen noch nicht vollständig überwunden. Unabdingbar hierfür bleibt die Wirtschaftsförderung durch Österreich und die EU. Obgleich dabei schon einige Teilerfolge verzeichnet werden konnten, gilt es die Fördermaßnahmen ständig den sich dynamisch verändernden wirtschaftlichen Gegebenheiten, wie etwa die wachsende Bedeutung der Telekommunikationsinfrastruktur, anzugleichen.

Mit dem gegenwärtigen Umfang der Roheisen- und Stahlproduktion (Roheisen ca. 4,8 t; LD-Stahl ca. 5,9 t[37]) allein wäre die Branche nicht mehr konkurrenzfähig. Der Schritt zur Veredelung der Rohprodukte indem diese anschließend in höhertechnologisierten Produktionsverfahren weiterverarbeitet werden, bietet einen Weg aus der Krise.

Die Einbindung historischer „Montandenkmäler"[38] in Projekten wie der „Eisenstraße" zieht aus der Vergangenheit der Eisen- und Stahlproduktion für die heutige Tourismusbranche ihren wirtschaftlichen Nutzen und eröffnet ein weiteres Beschäftigungsfeld für die Menschen in der Region. Der von der österreichischen Bundesregierung für die gesamte Landeswirtschaft ins Leben gerufene „nationale Forschungs- und Innovationsplan" beinhaltet die „Strategie 2010 –Perspektiven für Forschung, Technologie und Innovation in Österreich". Die Eisen- und Stahlregion österreichische Alpen hat die Suche nach eben jenen Perspektiven als oberstes Ziel für die Bewältigung ihrer Strukturprobleme erklärt. Betrachtet man den Erfolg der örtlichen Unternehmen in der Eisen- und Stahlindustrie und die konsequent sinkenden Arbeitslosenziffern im Ziel 2-Gebiet , scheint das Konzept aus Forschung und gezielter Förderung aufzugehen.

---

[36] (http://www.oerok.gv.at)
[37] (Bundesministerium für Wirtschaft und Arbeit, 2005)
[38] (Bender & Pindur, 2004, S. 19)

Literaturverzeichnis

Bätzing, W. (2003). *Die Alpen: Geschichte und Zukunft einer europäischen Kulturlandschaft.* München: Verlag C.H.Beck ohG.

Bender, O., & Pindur, P. (Mai 2004). Erzberg, Eisenwurzen und "Mur-Mürz-Furche". *Geographische Rundschau 56* , S. 16-23.

Bundesministerium für Wirtschaft und Arbeit. (2005). Österreichisches Montanhandbuch 2005. Wien: Bundesministerium für Wirtschaft und Arbeit.

Gebhardt, H. (1990). *Industrie im Alpenraum: alpine Wirtschaftsentwicklung zwischen Außenorientierung und endogenem Potential.* Stuttgart: Franz Steiner Verlag.

Jülg, F. (2001). *Österreich: Zentrum und Peripherie im Herzen Europas.* Gotha; Stuttgart: Klett-Perthes.

Lichtenberger, E. (1997). *Österreich.* Darmstadt: Wissenschaftliche Buchgesellschaft, Darmstadt.

Österreich Lexikon. (kein Datum). Abgerufen am 19. März 2008 von http://aeiou.iicm.tugraz.at/aeiou.encyclop

Raumordnungskonferenz, Ö. (2004-2007). *Ziel 2 Steiermark Österreich.* Abgerufen am 2. April 2008 von http://www.oerok.gv.at/EU_Regionalpolitik_in_Oesterreich/strukturfonds_2000_2006_i_D/ziel2/ziel2_stmk.htm

Schneider, H. W., Lengauer, S. D., & Brunner, P. (2006). *Struktur und Entwicklung der Industrie Österreichs.* Abgerufen am 1. April 2008 von http://www.fafo.at/download/Studien/IWI-Studie0306.pdf

Seroka, P. (24. 11 2007). *Mineralien- und Fossilienatlas.* Abgerufen am 20. März 2008 von Minaeralien- und Fossilienatlas: http://www.mineralienatlas.de/lexikon/index.php/Mineralienportrait/Siderit

voestalpine AG. (kein Datum). Abgerufen am 2. April 2008 von http://www.voestalpine.com/ag/de/group/overview.html

von Peradovic, P. (1945). Bundeshymne Österreich.

Anhang

Abb.1: Karte der österreichischen Eisen- und Stahlregion österreichische Alpen

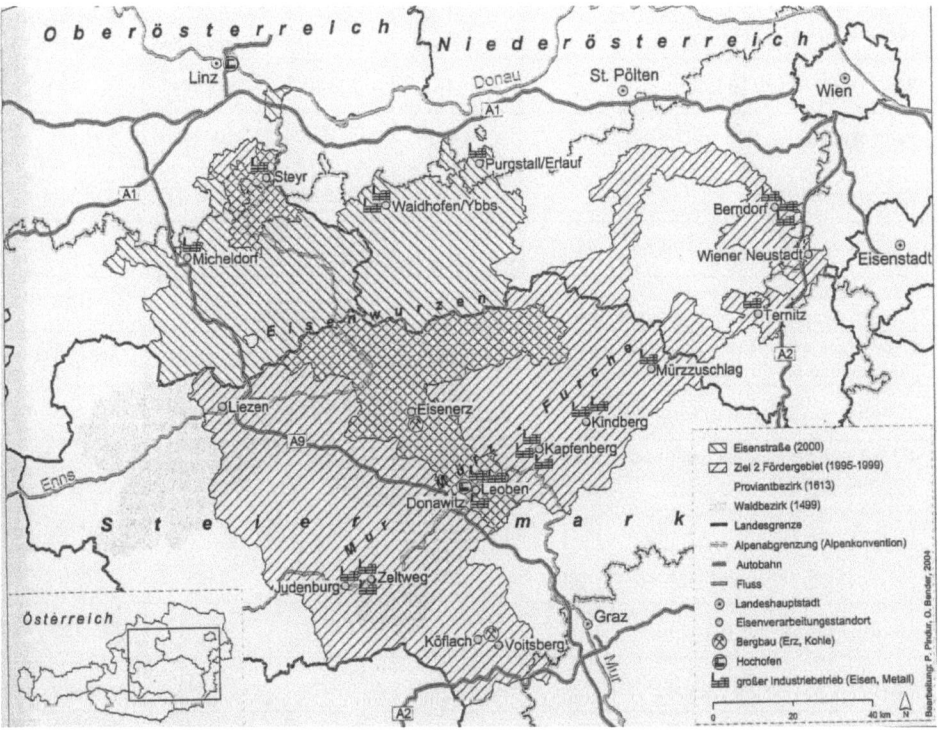

(aus Bender & Pindur, 2004, S.17)

Tab.1: EU-Fördermittel (1995-1999)

Förderung (in Mio.€)	Insgesamt 1994-1999	EU 1994-1999	Insgesamt 2000-2006	EU 2000-2006
Ziel 2 (Niederösterreich)	199,162	22,412	875,780	177,170
Ziel 2 (Oberösterreich)	66,987	10,757	718,850	121,870
Ziel 2(Steiermark)	463,399	57,970	1138,970	215,470
-davon Schwerpunkte (Steiermark)				
1.Förderung des Industrie- und Dienstleistungssektors	319,321	22,996	744,860	91,020
2.Förderung wettbewerbsfähiger Standorte und Vorbereitung auf die Informationsgesellschaft	56,646	7,158	277,460	84,120
3.Förderung der Entwicklungspotenziale	36,622	7,065	63,180	17,520
4.Förderung der Beschäftigung und der Humanressourcen	47,708	19,200	48,560	20,350
4.Förderung der Beschäftigung und der Humanressourcen	47,708	19,200	48,560	20,350
Technische Hilfe für die Programmumsetzung	3,102	1,551	4,910	2,450
-davon „Phasing Out" (Steiermark)			92,610	16,720
RESIDER II (Steiermark)	10,137	5,073	Entfällt	Entfällt
RECHAR II (Steiermark, incl. Oberösterreich)	3,561	1,780	Entfällt	Entfällt

(aus Bender & Pindur, 2004,S.21)

18